U0840186

# 职业院校学生安全应急避险指南

ZHIYEYUANXIAOXUESHENG ANQUAN YINGJI BIXIAN ZHINAN

中国安全生产科学研究院 组织编写

中国劳动社会保障出版社

**图书在版编目（CIP）数据**

职业院校学生安全应急避险指南/中国安全生产科学研究院组织编写. -- 北京：中国劳动社会保障出版社，2018
（全民应急知识丛书. 学生篇）
ISBN 978-7-5167-3427-8

Ⅰ. ①职… Ⅱ. ①中… Ⅲ. ①安全教育 - 职业大学 Ⅳ. ①X956

中国版本图书馆 CIP 数据核字（2018）第 128572 号

**中国劳动社会保障出版社出版发行**
（北京市惠新东街 1 号 邮政编码：100029）
*
中国铁道出版社印刷厂印刷装订 新华书店经销
880 毫米 × 1230 毫米 32 开本 2.5 印张 31 千字
2018 年 9 月第 1 版 2018 年 9 月第 1 次印刷
**定价：12.00 元**

读者服务部电话：（010）64929211/84209101/64921644
营销中心电话：（010）64962347
出版社网址：http://www.class.com.cn

版权专有 侵权必究
如有印装差错，请与本社联系调换：（010）50948191
**我社将与版权执法机关配合，大力打击盗印、销售和使用盗版图书活动，敬请广大读者协助举报，经查实将给予举报者奖励。**
**举报电话：（010）64954652**

# 《职业院校学生安全应急避险指南》编委会

## 主　　任

张兴凯　　吕敬民

## 委　　员

高进东　　付学华　　杨乃莲

## 主　　编

张晓蕾

## 编写人员

| | | | |
|---|---|---|---|
| 张晓蕾 | 张　洁 | 杨乃莲 | 张晓学 |
| 陶汪来 | 王宇航 | 时训先 | 陈建武 |
| 毕　艳 | 毕雅静 | 冯彩云 | 王海燕 |

# 序　言

学生是国家的未来，是社会进步、国家昌盛的希望，因此，学生的安全问题一直以来备受社会各界关注，更是学校各项工作的重中之重。

近年来，虽然学生的安全问题整体有所改善，但受学生自身特点差异、安全意识不强以及相关管理制度不健全等各种因素影响，不同年龄段学生的安全问题仍然较为复杂。据教育部有关资料统计，在中小学生的各类安全事故中，交通和溺水事故占全年中小学各类安全事故总数的50% 左右，造成的学生死亡人数超过全年事故死亡总人数的 60%。在职业院校的各类事故中，顶岗实习事故多发频发。学生安全问题的日益突出引起了党中央、国务院的高度关注。国家和各级政府相继出台了一系列关于学生安全的法律法规和规章制度，对学生日常学习和生活中的安全注意事项提出了明确要求，并将每年 3 月份最后一周的周一定为“全国中小学生安全教育日”。中央领导同志就职业院校学生实习安全问题批示相关部门进行调研，提出解决办法，以保障职业院校学生的合法权益。可见，学生的安全工作任重道远。

面向学生群体普及安全应急避险和自护、自救、逃生等知识，增强学生的自我安全保护意识，提高学生应对突发事件的应急避险能力，是全社会的责任。为此，中国安全生产科学研究院组织有关专家编写了“全民应急知识丛书”（学生篇），其中包括《小学生安全应急避险指南》《中学生安全应急避险指南》和《职业院校学生安全应急避险指南》三册。这套丛书针对不同年龄段学生的特点及不同的安全事故类型制定了详细的安全防范和应急避险措施，始终坚持实际、实用、实效的原则，力求做到内容通俗易懂、形式生动活泼，能够让学生们在快乐中掌握安全知识。

我们坚信，通过学校、家长、学生以及全社会的共同努力和通力配合，向学生们宣传普及安全健康知识和应急避险措施的科学方法，学生的安全意识和自我保护能力必将得到提高，学生的安全问题必将得到改善，每位学生都能收获一个健康、平安、精彩的未来！

编者

2018 年 8 月

# 目 录

Mulu

## 四、现场救护技能



## 五、常见安全标志



## 六、典型案例



## 七、自检卡

# 一、职业院校安全现状

Zhiye Yuanxiao Anquan Xianzhuang

# 职业院校安全现状

1. 职业院校学生安全现状分析
2. 职业院校学生安全事件多发原因

## 1. 职业院校学生安全现状分析

近年来，我国职业院校办学规模日益扩大，在校学生人数大幅上升。虽然大多数职业院校都不同程度地开展了学生安全教育，也取得了一定的成效，但从整体上看，仍存在对安全教育重要性认识不足、安全管理制度不健全、对学生系统的安全教育和安全防范能力培养不足等问题。加之学生安全意识较为淡薄，面对突发事件和就业、恋爱等现实问题，心理压力得不到及时释放，致使安全事件时有发生。

在职业院校的各类安全事故中，顶岗实习事故居多。根据教育部选取的 80 万例样本分析，2013 年每 10 万名实习学生发生一般性伤害的约为 78.65 人，其中导致死亡的约为 4.69 人，明显高于 2012 年每 10 万名实习学生中约 39.9 人发生一般性伤害、3.96 人死亡的统计数据。

## 2. 职业院校学生安全事件多发原因

职业院校学生正处于青春期，是身心成长变化的时期，也是人生观、价值观养成的重要时期。因环境、年龄、专业等不同，学生在思想和言行上呈现多样化特征，加之实践培训课程和社会接触较多，面临的安全问题更加复杂。因此，必须正确、及时地加以引导。

学生自身原因。不同学生的生活经历、学习态度等不同，导致学生产生不同的心理感受与体验。

家庭原因。学生家庭情况各异，有的家长忙于生计等，对孩子疏于监督和教育。

学校原因。有些学校忽视道德和法制教育，存在片面追求升学率、就业率的做法，致使学生中的一些错误思想和不良倾向得不到及时解决。

社会原因。社会上的种种乱象和消极因素导致一些学生滋生错误思想，加之一些学生面临就业压力、生活压力等。

# 二、主要责任方安全职责

Zhuyao Zerenfang Anquan Zhize

# 主要责任方安全职责

1. 校方安全职责
2. 家长安全职责
3. 社会安全职责

## 1. 校方安全职责

创建和谐安全的校园环境，让学生掌握必要的安全知识和技能，了解学习生活所面临的危险有害因素及其应对措施，增强安全防范意识，提高自我保护能力。

让学生了解和掌握有关法律知识，依法保护自己，维护自身正当权益。

加强师德教育，禁止教职工侵犯学生权益和影响学生身心健康的行为。

定期开展安全应急演练等专题安全教育活动。

及时了解学生心理状况和心理需求，有针对性地开展心理健康教育、心理辅导与咨询。

加大安全教育经费投入，强化、优化校园人防、物防、技防手段，设置必要的安全警示标志，做好校园安全基础性工作。

## 2. 家长安全职责

提高自身修养，言传身教，注重孩子思想品德和良好行为习惯的养成，帮助孩子树立正确的世界观、人生观、价值观。

加强与学校的沟通，了解孩子在校情况，出现问题及时协助老师进行疏导。

帮助孩子树立正确的择业观、交友观和恋爱观。

家长应承担孩子在校园外的安全教育、管理和监护责任。

## 3. 社会安全职责

主管部门要把安全教育纳入职业院校教学评估体系，督促职业院校落实安全教育的相关规定和要求，定期对职业院校安全教育进行检查。

企业应加强对学生上岗前安全防护知识、常见事故案例、岗位操作规程、劳动纪律、职业道德的教育和培训。

# 三、职业院校学生安全事故防范与应急避险措施

Zhiye Yuanxiao Xuesheng Anquan Shigu Fangfan Yu Yingji Bixian Cuoshi

# 职业院校学生安全事故防范与应急避险措施

1. 实验（实训）室安全事故防范与应急避险措施
2. 实习安全事故防范与应急避险措施
3. 宿舍安全事故防范与应急避险措施
4. 心理疾病防范措施
5. 网络安全事件防范措施
6. 暴力伤害事件防范与应急避险措施
7. 艾滋病的预防与应急处置措施

## 1. 实验（实训）室安全事故防范与应急避险措施

学生进入实验（实训）室前，要了解即将开展的工作内容、存在的危害和安全程序。要认真阅读实验（实训）室安全手册，遵守实验（实训）室纪律，掌握操作内容和安全注意事项。

## 做化学品实验时，应注意：

化学品误入眼睛应急处置方法：

√化学品误入眼睛后，切忌揉搓，也不要闭眼睛。

√提起眼睑，用清水或生理盐水彻底冲洗 15 分钟。

√有他人在旁边时，可让患者侧卧，拉开患者上下眼皮，从眼角处向眼内慢慢倒入清水，反复冲洗。

√尽快就医。

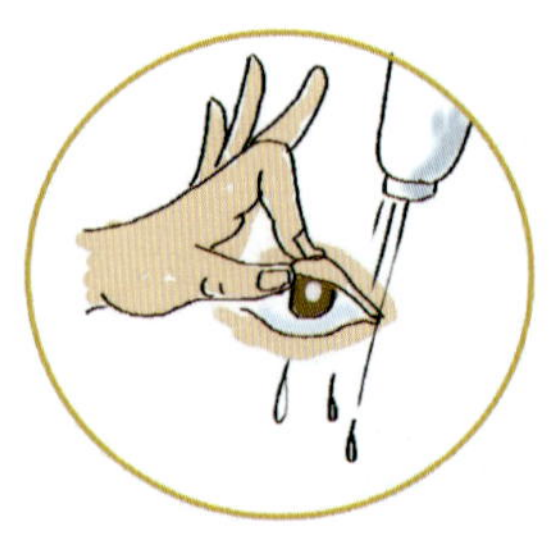

至少冲洗15分钟。

皮肤接触危险化学品应急处置方法：

√ 立即撤离现场，迅速脱去被污染的衣物。

√ 立即用大量清水彻底冲洗皮肤，至少 5 分钟。

√ 及时就医。

误食危险化学品应急处置方法：

√用温水漱口，把口腔内残留的危险化学品清洗出来。

√设法催吐。

√紧急处置后及时就医。

吸入有毒气体应急处置方法：

√迅速离开现场，撤至空气新鲜处。

√除去患者口腔里的异物，保持呼吸畅通。

√如呼吸困难，要及时输氧。

√对昏迷不醒，皮肤和黏膜呈樱桃红或苍白、青紫色的严重中毒者，立即通知急救中心并就地抢救，及时进行人工呼吸或胸外心脏按压。

√紧急处置后就医。

使用电气设备时，要掌握用电安全操作知识。一旦发生触电事故，应注意：

迅速切断电源开关，用干燥的木棍等使触电人员与带电体脱离。

触电者一旦脱离电源，要使其平躺，确保气道通畅，必要时进行心肺复苏，及时拨打“120”急救电话。

专家提醒

若触电者意识不清，禁止摇动头部呼叫伤员。

做生物实验时，要使用正确保养的生物安全柜，穿戴专用的防护性外衣和面罩等，以免传染源或其他有害物溅洒到身上。

做放射性实验时，要做好防护措施，穿戴专用的工作衣和防护口罩等。实验完毕，立即洗手或洗澡，防止射线辐射人体。

## 2. 实习安全事故防范与应急避险措施

顶岗实习是职业院校实践教学的重要形式，是培养学生职业技能和提高学生职业素养的主要途径。实习过程中发生安全事故的主要原因是实习生经验不足，不能独立作业，对现场与设备操作不够熟练，学校和企业安全教育不到位。

**实习时，学校应注意：**

学校应当设立实习生管理机构，不得通过中介机构或有偿代理组织安排和管理实习工作。

学校应建立健全实习管理制度，制订实习计划，建立学生实习档案，定期检查实习情况。

学校不得安排未满 16 周岁的学生跟岗实习、顶岗实习。

加强学校与企业的联系，为实习学生购买意外伤害保险。

定期走访实习学生和企业，加强校企沟通，及时了解和解决学生在实习过程中的问题。

## 实习时，实习单位应注意：

实习前，学校、实习单位和学生本人或家长应当签订书面协议，明确各方的责任、权利和义务。

指定专人管理学生实习工作，根据需要安排有经验的技术或管理人员担任实习指导教师。

建立学校、实习单位和学生家长信息通报制度。

加强上岗前的安全培训，并提前告知岗位危险因素，增强学生安全意识，提高其自我防护能力。

## 进入作业场所，实习学生应注意：

- 严格执行实习单位安全生产各项规定，要尊重师傅，听从指挥，不得违章操作。
- 按照规定正确穿戴合格的个人劳动防护用品。
- 要把发辫放入帽内；不准穿脚趾及脚跟外露的凉鞋、拖挂，不准赤脚赤膊，不准系领带或围巾。
- 在有可能引起爆炸的场所，不准穿能集聚静电的服装。

操作前，应检查设备或工作场地，排除故障和隐患；确保安全防护、信号联锁装置完好。

操作旋转机床时，严禁戴手套或解开衣袖（襟）。

凡运转的设备，不准跨越运转部位传递物件，不要接触运转部位。

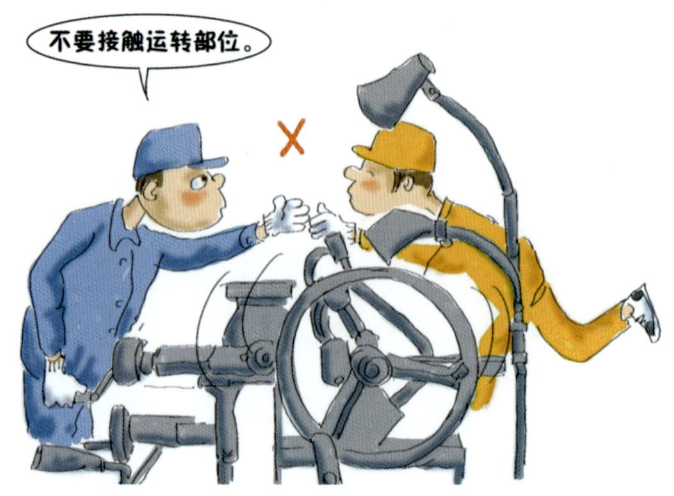


一切机械、电气设备及装置的外露可导电部分，除另有规定外，必须有可靠的接零（地）装置并保持其连续性。

检修机械、电气设备前，必须在电源开关处挂上“正在作业，严禁合闸”的警示牌。

工作完毕或中途停电，应先切断电源再离岗。

一旦发生生产安全事故要及时抢救，保护现场，并立即报告领导。

常见职业危害预防措施：

进行粉尘作业时，严格执行操作规程，严格执行未佩戴防尘口罩不上岗的操作制度。

进入噪声车间要戴好耳塞、耳罩或耳帽。

进行高温或低温作业时，要采取防暑降温措施，佩戴劳动防护用品。

进入有辐射的作业场所，要严格执行安全规则，做好个人防护，减少与辐射源的接触，佩戴劳动防护用品。

## 3. 宿舍安全事故防范与应急避险措施

学生应严格遵守学校有关宿舍管理规章制度。

不准将火源和易燃易爆、有毒有害以及其他危险物品带入宿舍。

不得留宿外人。

不得在宿舍内堆放或焚烧杂物。

不得私拉乱接电线，不得使用禁用电器。

保管好自身财物。

主动配合学校开展的安全检查，发现安全隐患或异常情况要及时告知宿舍管理人员，情况紧急时要及时报警。

不随意动用或损坏消防器材。

一旦发生火灾，应做到：

√保持镇静，在确保自身安全的前提下，用消防器材进行灭火，必要时拨打“119”消防报警电话。

√逃生时切不可搭乘电梯，更不要盲目跳楼，应迅速从安全通道撤离。如果烟雾弥漫，应用湿毛巾捂住口鼻，沿墙边降低身姿逃生。

√ 若被困室内要正确判断火情，当门体发烫时切勿开门，用浸湿的被子等堵住房门并向外挥动鲜艳衣物发出求救信号，等待救援。

√ 在得不到及时救援时，身居三楼以下可将绳索、床单、窗帘等打成结，紧拴在门窗和阳台的构件上顺势滑下，或利用室外排水管下滑逃生。

√ 衣服着火时切勿奔跑，尽快脱下衣服或就地打滚灭火。

## 4. 心理疾病防范措施

正确认识自我，了解自身优势与不足，制定切实可行的目标，不断增强自信心。

建立良好的人际关系，以诚恳、谦虚、宽容的态度对待他人。

正确认识挫折和失败，用积极的心态加以应对，积极寻找解决方法。

积极参加学校组织的心理健康培训讲座，增强对常见心理问题的辨识和自我调节能力。

择业时应保持良好的心态，不盲目攀比，不期望过高，合理自我定位，谨防诈骗。

出现心理问题要及时和老师、家长沟通，向心理咨询老师或专业咨询机构寻求帮助。

## 5. 网络安全事件防范措施

- 不沉溺于网络游戏，不浏览不健康的书籍、网站等。
- 保护好自己的密码，不要告诉任何人。
- 不随意下载或安装软件，不点击陌生网址和邮件，避免病毒入侵。
- 不在网上散布迷信或虚假信息。
- 网络交友要慎重，不随意与网友见面。

谨防网络和电信诈骗，警惕虚假信息。

一旦发现被骗，在确保自身安全后立刻报警。

## 6. 暴力伤害事件防范与应急避险措施

牢记校纪校规，遵守作息时间，不擅自在校外租住房屋。

仪表端庄、言行规范、举止得体，作风不轻浮，穿着不过于暴露。

不搭乘陌生人的车辆，不单独和不了解的人外出。

正确掌握交友分寸，对过分的举动要明确表示拒绝，不要接受陌生人的馈赠。

遭遇暴力伤害或性侵害时，设法与其周旋以避免伤害。有能力或条件时，可利用身边器物进行正当防卫，使犯罪分子丧失侵害的能力，伺机摆脱或及时报警。

## 7. 艾滋病的预防与应急处置措施

艾滋病( AIDS )是人体感染了人类免疫缺陷病毒( HIV )后引起的一种致命性传染病。

**艾滋病的传播途径：**

血液传播。如与他人共用针具注射毒品，使用未经严格消毒的注射针具等。

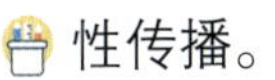

性传播。

母婴传播。

**专家提醒**

正常社交接触、蚊虫叮咬、日常生活接触、正规献血都不会传染艾滋病。

**预防与应急处置措施：**

使用经艾滋病病毒抗体检测合格的血液和血液制品。

不使用未经消毒或消毒不彻底的注射针具、医疗器械等。不要与他人共用注射针具。

洁身自爱，遵守性道德。

远离毒品。

若发现问题，及时到正规医院诊断和治疗，并及时向有关部门报告。

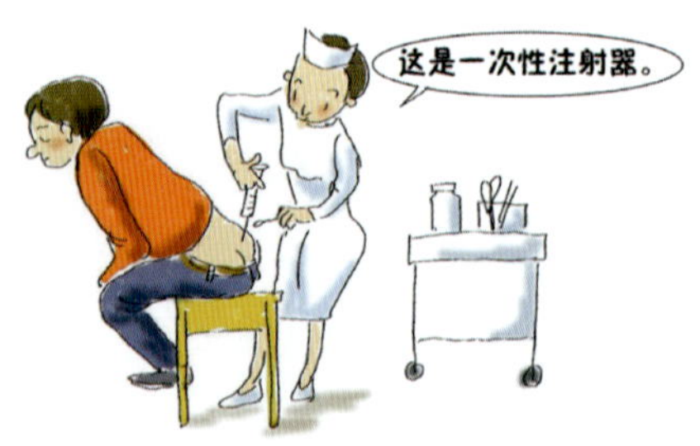

# 四、现场救护技能

Xianchang Jiuhu Jineng

# 现场救护技能

1. 中暑应急处置
2. 烫伤应急处置
3. 扭伤应急处置
4. 骨折应急处置
5. 心肺复苏

## 1. 中暑应急处置

中暑现场救护从四个方面着手：搬、擦、服、掐。

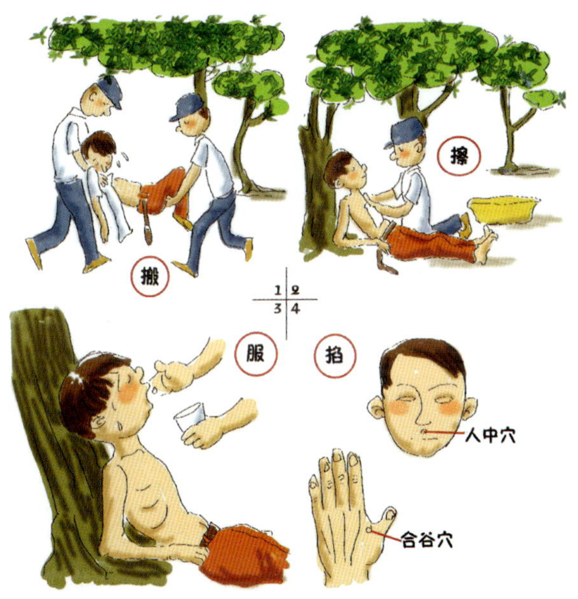


搬。迅速将患者搬到阴凉、通风的地方平躺，为其扇风并解开衣领、裤带。

擦。用冷水或稀释的酒精帮患者擦身，或将用冷水淋湿的毛巾、冰袋、冰块放在患者颈部、腋窝、额头或大腿根部腹股沟等大动脉血管部位，为身体降温。

服。感到不适时，及时服用人丹、藿香正气水等解暑药，并多喝些淡盐水。

掐。如果患者一直昏迷不醒，可用大拇指按压患者的人中、合谷等穴位，使其苏醒。

**专家提醒**

中暑后不要大量饮水，不要吃生冷瓜果，以防引起腹痛、腹泻等。

## 2. 烫伤应急处置

烫伤现场救护从四个方面着手：冲、脱、盖、送。

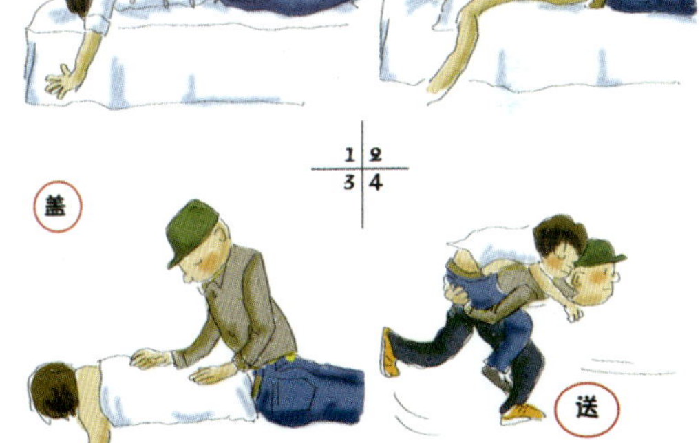


冲。迅速用流动的清水冲洗，快速降低皮肤表面热度。

脱。冲洗后小心脱去衣物，尽量避免将水泡弄破。

盖。用清洁的纱布覆盖，不要随意涂抹药膏和牙膏等。

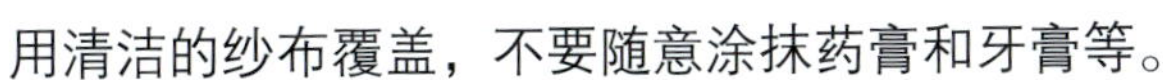

送。最好送医院做进一步处理。

**专家提醒**

烫伤发生时不能采用冰敷，防止损伤破损皮肤。

## 3. 扭伤应急处置

扭伤现场救护从三个方面着手：静养、冷敷、热敷。

静养。受伤后马上休息。

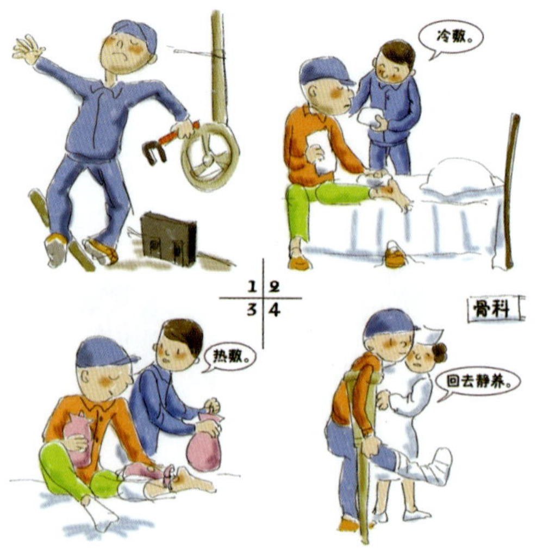


冷敷。用毛巾等包覆冰袋冷敷 15 ~ 20 分钟，间隔 2 小时左右再敷。

热敷。24 小时后进行热敷，或用红花油等活血药物进行按摩。

若伤势过重，立即送往医院治疗。

**专家提醒**

冷敷时，若皮肤感觉麻木应及时停止，避免冻伤。

## 4. 骨折应急处置

骨折现场救护要遵循“三不”黄金法则，即不复位、不盲目上药、不冲洗。

若受伤者大量出血，应及时用干净的布包扎伤口。

若发现受伤者有骨折的可能，一定要先对受伤部位进行简单固定，可就地取用木棍等做成夹板进行固定。

现场紧急处理后，立即把患者送往就近医院。

## 5. 心肺复苏

意识的判断。双手轻拍患者双肩并呼叫患者，观察其有无反应并大声呼救寻求帮助，拨打“120”急救电话。

检查呼吸。触摸颈动脉，同时观察胸廓起伏，判断心跳、呼吸情况。如心跳、呼吸停止，立即进行心肺复苏。

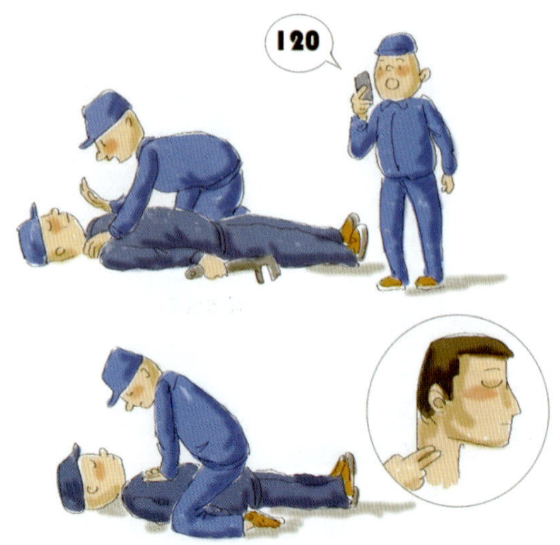


胸外心脏按压。双手位于两乳头连线中点下 1/3 处，用左手掌根紧贴患者的胸部，两手重叠，左手五指翘起，双臂伸直，用上身力量垂直向下用力按压 30 次。

人工呼吸。保持患者仰头抬颏，用一手捏闭鼻孔（或口唇），深吸一大口气，迅速用力向患者口（或鼻）内吹气，然后放松鼻孔（或口唇），照此每 5 秒钟反复一次，每次吹气间隔 1.5 秒钟，直到恢复自主呼吸。

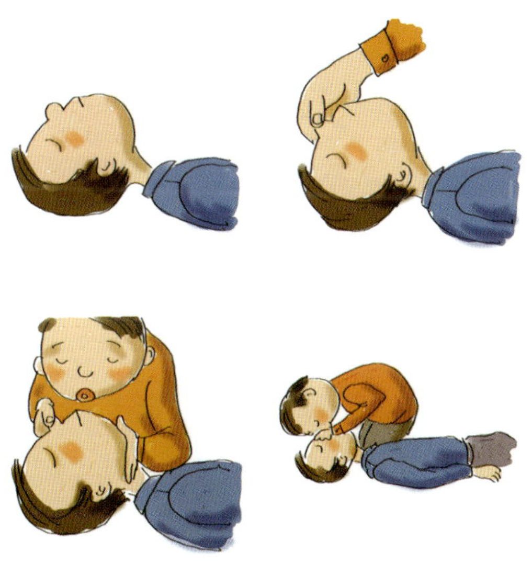

专家提醒

胸外心脏按压法与人工呼吸法应交替进行，胸外心脏按压与人工呼吸比例为 30 : 2。

# 五、常见安全标志

Changjian Anquan Biaozhi

# 常见安全标志

1. 禁止标志
2. 警告标志
3. 指令标志
4. 提示标志

## 1. 禁止标志

**禁止烟火**
No burning

**禁止堆放**
No stocking

**禁止放置易燃物**
No laying inflammable thing

**禁止启动**
No starting

**禁止转动**
No turning

**禁止靠近**
No nearing

**禁止伸入**
No reaching in

**禁止叉车和厂内机动车辆通行**
No access for fork lift trucks and other industrial vehicles

**禁止戴手套**
No putting on gloves

## 2. 警告标志

当心火灾
Warning fire

当心爆炸
Warning explosion

当心腐蚀
Warning corrosion

当心中毒
Warning poisoning

当心感染
Warning infection

当心吊物
Warning overhead load

当心烫伤
Warning scald

当心夹手
Warning hands pinching

当心高温表面
Warning hot surface

## 3. 指令标志

**必须戴安全帽**
Must wear
safety helmet

**必须戴防毒面具**
Must wear gas
defence mask

**必须系安全带**
Must fastened
safety belt

**必须穿防护服**
Must wear
protective clothes

**必须戴防护手套**
Must wear
protective gloves

**必须穿防护鞋**
Must wear
protective shoes

**必须戴防护眼镜**
Must wear
protective goggles

**必须戴避光护目镜**
Must wear opaque
eye protection

**必须戴防尘口罩**
Must wear
dustproof mask

## 4. 提示标志

**紧急出口**
Emergency exit

**可动火区**
Flare up region

**击碎板面**
Break to obtain access

**急救点**
First aid

**应急电话**
Emergency telephone

**紧急医疗站**
Doctor

# 六、典型案例

Dianxing Anli

# 典型案例

1. 河北某职业学校学生顶岗实习事故
2. 上海某高职院校学生宿舍火灾事故
3. 某高职院校学生做实验时发生中毒事故

## 1. 河北某职业学校学生顶岗实习事故

杨某是某职业学校汽车维修专业的学生，毕业前学校安排其到一家汽车销售公司 4S 店实习。2015 年 4 月的一天，杨某独自在维修一辆汽车时，要求该车司机配合进行挂挡、摘挡操作，在操作过程中，车突然向前滑行，杨某躲闪不及，被车撞伤。医院诊断其为左股骨粉碎性骨折，软组织损伤。

## 事故教训

首先，汽车销售公司未对实习人员履行教育和管理责任，没有在作业前对作业场所的危险因素进行说明。其次，学校未尽到对实习生的管理教育义务。再次，肇事司机未尽到谨慎注意的义务。

**专家提醒**

职业学校和实习单位应当分别派专人全程指导、共同管理学生实习。

企业应加强对学生上岗前安全防护知识、岗位操作规程、劳动纪律、职业道德的教育和培训。

## 2. 上海某高职院校学生宿舍火灾事故

某高职院校学生宿舍，学生使用“热得快”烧开水，晚上熄灯断电后将“热得快”放在床板上，没有拔下电源插头。次日清晨送电后，“热得快”引燃周围可燃物，发生火灾，造成 4 名学生死亡。

## 事故教训

该校学生未遵守宿舍管理规定和相关制度，在宿舍内违章使用大功率电器，对存在的消防安全隐患抱有侥幸心理，最终引发火灾。

**专家提醒**

严禁在学生宿舍使用大功率电器、酒精炉，以及点蜡烛、点盘式蚊香等。

## 3. 某高职院校学生做实验时发生中毒事故

某高职院校学生在做萃取分液分组实验和雕花玻璃腐蚀实验的过程中，有一学生拿玻璃片时手指沾染了化学品氢氟酸，手指出现发黑现象，并感觉疼痛。事故发生后被紧急送往医院进行救治。

## 事故教训

学生做实验时未按照要求佩戴防渗手套，导致手指接触剧毒化学品而被腐蚀。

专家提醒

氢氟酸具有挥发和腐蚀的特性，属于剧毒化学品。在做实验时，必须佩戴防毒面具和防渗手套操作。

# 七、自检卡

Zijianka

# 自检卡

（可多选）

1. 做化学实验时，应注意 ______。

A. 不随意混合化学品

B. 保持实验室空气流通

C. 穿戴劳动防护用品

D. 实验完毕立即洗手或洗澡

2. 若误服毒物，正确的做法是 ______。

A. 用手指探入喉部引吐

B. 导泻

C. 大量饮水

D. 立即就医

3. 下列选项中，对触电者实施的应急处置措施，正确的是 ______。

A. 立即切断电源

B. 用干燥木棒等绝缘体使触电者脱离电源

C. 使触电者平躺，确保气道通畅，必要时进行心肺复苏

D. 触电者意识不清，摇动头部呼叫伤员

4. 做生物实验时，以下做法错误的是 ______。

A. 使用生物柜

B. 穿戴专用的防护服和面罩

C. 将实验所用生物进行处理后食用

D. 实验结束后将生物尸体按规定进行掩埋

5. 进行实习时，学生对下列规定有知情权的是 ______。

A. 不得安排未满 16 周岁的学生跟岗实习、顶岗实习

B. 为实习学生购买意外伤害保险

C. 上岗前进行安全培训

D. 告知岗位危险因素

6. 进入车间实习时，应做到 ______。

A. 不违章操作

B. 不穿露脚趾的鞋子

C. 操作前检查设备

D. 熟知本岗位危险因素和预防措施

7. 操作机械设备时，应注意 ______。

A. 不用手触碰设备运转部位

B. 戴手套操作旋转机床

C. 机械操作时将头发盘入发帽内

D. 工作完毕或中途停电，应先切断电源再离岗

8. 企业对实习学生应进行的教育是 ______。

A. 厂级安全教育

B. 部门（车间）级安全教育

C. 班组（岗位）级安全教育

D. 职业健康安全教育

9. 检修机械、电气设备前，需要悬挂 ______ 警示牌。

A. “正在作业，严禁合闸”

B. “禁止攀登”

C. “小心触电”

D. “小心落物”

10. 进入作业场所实习，以下防护措施正确的是 ______。

A. 粉尘作业时，佩戴防尘口罩

B. 进入噪声车间，佩戴耳塞、耳罩或耳帽

C. 进入低温作业场所，穿着防寒服

D. 进入有辐射的作业场所，应减少与辐射源的接触时间

11. 宿舍发生火灾后，以下做法错误的是 ______。

A. 切勿慌乱，保持镇静

B. 不可搭乘电梯或盲目跳楼逃生

C. 当门体发烫时立即开门逃离

D. 烟雾弥漫时用湿毛巾捂住口鼻，沿墙边降低身姿逃生

12. 一座公寓的三楼发生了火灾，在得不到及时救援的情况下，以下做法正确的是 ______。

A. 将绳索、床单、窗帘等打成结拴在阳台构件上滑下逃生

B. 迅速向屋外奔跑逃生

C. 用彩色衣物向窗外发出求救信号

D. 借助室外排水管滑下逃生

13. 下列有利于预防心理疾病的方法有 ______。

A. 正确认识自我，树立自信心

B. 与同学建立良好的关系

C. 积极参加学校组织的心理培训

D. 正视自身问题，积极向老师求助

14. 以下能够预防暴力伤害的做法，正确的是 ______。

A. 按时作息，不在外留宿

B. 言行规范、仪表端庄

C. 不搭乘陌生人的车辆

D. 遭遇侵害时，设法与其周旋，借助身边物体进行正当防卫

15. 预防艾滋病的正确方法有 ______。

A. 了解艾滋病传播的途径

B. 洁身自爱，不跟随陌生人

C. 远离酒吧、KTV 等娱乐场所

D. 到正规医院献血、输血

16. 以下对中暑患者的急救措施，正确的是 ______。

A. 迅速将患者搬到通风的地方平躺

B. 用冷水擦拭身体

C. 用大拇指按压患者的人中穴

D. 及时拨打“120”急救电话

17. 烫伤的正确处理方法是 ______。

A. 迅速用流动的清水冲洗

B. 小心褪去衣物，用干净的纱布包裹

C. 用牙膏涂抹患处

D. 送往医院进行深度处理

18. 扭伤后，正确的处置方式是 ______。

A. 停止运动

B. 用毛巾等包覆冰袋冷敷 15~20 分钟

C. 立即用红花油等活血药物进行按摩

D. 送往医院治疗

19. 运动过程中若发生骨折，正确的处置措施是 ____。

A. 用木棍等做成夹板进行固定

B. 夹板和身体接触的地方用软物垫好，且夹板长度一定要超过骨折处上下两个关节

C. 由远心端到近心端依次固定骨折部位

D. 运送途中要注意保暖

20. 进行心肺复苏正确的操作方法是 ____。

A. 首先判断患者有无意识

B. 触摸颈动脉，观察胸廓起伏，判断呼吸情况

C. 胸外心脏按压前先清除口中异物或假牙

D. 胸外心脏按压和人工呼吸交替进行

**答　案**

1.ABCD　2.ABCD　3.ABC　4.C

5.ABCD　6.ABCD　7.ACD　8.ABCD

9.A　10.ABCD　11.C　12.ACD

13.ABCD　14.ABCD　15.ABCD　16.ABCD

17.ABD　18.ABD　19.ABD　20.ABCD